Günter Kröber

Zeitspiele - Zeit und Iteration

GRIN Verlag

Bibliografische Information der Deutschen Nationalbibliothek:

Die Deutsche Bibliothek verzeichnet diese Publikation in der Deutschen National-bibliografie; detaillierte bibliografische Daten sind im Internet über http://dnb.d-nb.de/ abrufbar.

Impressum:

Copyright © 2008 GRIN Verlag GmbH
Druck und Bindung: Books on Demand GmbH, Norderstedt Germany
ISBN: 978-3-638-93471-8

Dieses Buch bei GRIN:

http://www.grin.com/de/e-book/89427/zeitspiele-zeit-und-iteration

GRIN - Your knowledge has value

Der GRIN Verlag publiziert seit 1998 wissenschaftliche Arbeiten von Studenten, Hochschullehrern und anderen Akademikern als eBook und gedrucktes Buch. Die Verlagswebsite www.grin.com ist die ideale Plattform zur Veröffentlichung von Hausarbeiten, Abschlussarbeiten, wissenschaftlichen Aufsätzen, Dissertationen und Fachbüchern.

Besuchen Sie uns im Internet:

http://www.grin.com/

http://www.facebook.com/grincom

http://www.twitter.com/grin_com

Günter Kröber

Zeitspiele

Zeit und Iteration

Inhalt

Vorwort

Es gehört zu den unvergeßlichen Kindheitserlebnissen vieler Menschen, einen Wassertropfen, etwa aus einem Dorfteich, unter einem Mikroskop betrachtet und dabei ein Gewimmel von belebten Körperchen und unbelebten Strukturen erblickt zu haben, die dem bloßen Auge nicht sichtbar sind. Und wer jemals in einer sternklaren Nacht durch ein Fernrohr einen Blick in die Weiten des Weltalls getan und schier unerschöpfliche Ansammlungen von Sternen, Galaxien und kosmischen Nebeln gesichtet hat, wie sie in längst vergangenen Zeiten existierten, der ist ergriffen von der Tiefe des Raumes und der Unergründlichkeit der Zeit.

Mikroskop und Teleskop haben uns befähigt, die Welt in Bereichen kennen zu lernen, die uns ohne diese technischen Hilfsmittel für immer verborgen wären. Ihre Erfindung datiert um die Wende vom 16. zum 17. Jahrhundert. Als Erfinder des Fernrohrs werden in Arbeiten zur Wissenschafts- und Technikgeschichte holländische Brillenmacher genannt, insbesondere Hans Lippershey, der 1608 ein entsprechendes Patent beantragt hatte. Galileo Galilei setzte 1609 ein von ihm selbst konstruiertes Fernrohr für seine astronomischen Forschungen ein und entdeckte mit ihm die vier hellsten Jupitermonde. Der Erfindung des Fernrohrs folgte die des Mikrokosps auf dem Fuße. Neben Galilei werden in diesem Zusammenhang gewöhnlich die Holländer Cornelius Drebbel und Zacharias Janssen genannt.

Ursprünglich zur Erbauung von Seele und Auge gedacht, wurde das Mikroskop bald zu einem unentbehrlichen Instrument der wissenschaftlichen Forschung. Die Technik des Mikroskopierens wurde rasch weiterentwickelt und die Leistungsfähigkeit des Instruments kontinuierlich gesteigert. Im Elektronenmikroskop werden optische Linsen durch Elektronenlinsen ersetzt, und die Technik der Raster-Tunnel-Mikroskopie erlaubt es heute, Gebilde in atomaren Größenordnungen sichtbar zu machen.

Ähnlich rasant verlief die Entwicklung des Fernrohrs. Von Galileis Sicht auf die Jupitermonde bis zu den Aufnahmen, die uns heute das auf einer Erdumlaufbahn stationierte Hubble-Teleskop über unser Universum liefert, sind gerade einmal vier Jahrhunderte vergangen.

Teleskop und Mikroskop erschließen uns makroskopisch große und mikroskopisch kleine räumliche Dimensionen. Die durch astronomische Fernrohre beobachteten Objekte befinden sich in großer Entfernung von uns, die im Mikroskop sichtbaren Objekte sind unmittelbar vor uns. Beide Instrumente befähigen das Auge, Räume zu durchmessen: Das Mikroskop, indem es in kleinen Dimensionen existierende Objekte größer erscheinen läßt; das Teleskop, indem es Objekte, die uns auf Grund der großen Entfernung klein erscheinen, sofern sie mit bloßem Auge überhaupt sichtbar sind, näher an uns heranholt und sie damit größer erscheinen läßt. Mikroskop und Teleskop sind für räumliches Sehen geschaffen.

Mit dem Teleskop kommt allerdings auch die zeitliche Dimension ins Spiel. Da das Licht sich mit endlicher Geschwindigkeit ausbreitet, sehen wir kosmische Objekte, die viele Lichtjahre von uns entfernt sind, im Moment der Beobachtung so, wie sie vor ebenso vielen Jahren waren. Je weiter wir im Weltraum blicken, desto älter sind die Objekte, die unserem Auge erscheinen. Indem wir in entfernte kosmische Räume blicken, blicken wir in die Vergangenheit der Objekte, die wir sehen.

Doch können wir auch in unsere eigene Vergangenheit blicken? Gibt es ein Mikroskop, durch das wir unsere eigene Geburt verfolgen, die Kreuzigung Christi miterleben oder die

Entstehung unseres Sonnensystems en detail besichtigen können? Das ist nicht die Frage nach der Möglichkeit von Reisen in die Vergangenheit, bei denen der Zeitreisende in der Vergangenheit ja körperlich anwesend wäre, sondern die Frage, ob wir, ähnlich wie wir mit einem gewöhnlichen Mikroskop räumliche Dimensionen erkunden, mit einem Mikroskop für die Zeit uns vergangene Zustände unserer Welt anschauen könnten. Diese Frage bewegte Mitte des 19. Jahrhunderts den Juristen und Liebhaberastronomen Felix Eberty.

Die Bekanntschaft mit Eberty verdanke ich Karl Clausberg, der dessen Buch „Die Gestirne und die Weltgeschichte" von 1846/47 in einer von ihm besorgten und im Akademie-Verlag erschienenen Neuausgabe im Juni 2006 am Wissenschaftskolleg zu Berlin (Institute for Advanced Study) vorstellte. Am selben Ort hatte ich 1993 Gelegenheit gehabt, meine Studien zur fraktalen Natur der Mandelbrot-Menge zu einem „Märchen vom Apfelmännchen" zu verdichten. Zugleich lag in dieser Zeit der Beginn meiner Arbeiten zur Strukturbildung durch Palindromisierung. In der hier vorgelegten Schrift wird nun der Versuch gemacht, diese drei Stränge zu einem zusammenzubinden: Ebertys Idee von einem „Mikroskop für die Zeit" mit einem „Mikroskop für Raum und Zeit" zur Analyse der Binnenstruktur der Mandelbrot-Menge, und ein „Teleskop für Raum und Zeit" bei der Betrachtung von Strukturen, die in Palindromisierungsprozessen entstehen.

Ebertys Idee eines „Mikroskops für die Zeit", die im Folgenden referiert wird, ist durchaus originell, wenn auch eine reine Gedankenkonstruktion. In einem ganz anderen Sinne erweisen sich heute ein Mikroskop wie auch ein Teleskop für Raum und Zeit als möglich. Und zwar dann, wenn wir es mit iterativen Prozessen der Strukturbildung zu tun haben. Im Folgenden werden zwei Arten solcher Strukturbildungsprozesse vorgestellt. Der eine vollzieht sich in der komplexen Zahlenebene, in der nach einer iterativ vorgegebenen Regel Strukturen (Punktmengen) entstehen oder vergehen, je nachdem, wie groß oder wie klein wir den abzubildenden Ausschnitt wählen und wie hoch oder wie niedrig wir die Zahl der Iterationen vorgeben. Ein fiktiver Beobachter, der im Bereich einer solchen Punktmenge, z. B. der Mandelbrot-Menge, auch als „Apfelmännchen" bekannt, zu Hause ist, könnte nicht nur seinen räumlichen Standort wechseln, sondern nach Belieben auch die Zeit vorwärts oder rückwärts laufen lassen, um auf diese Weise Strukturen entstehen oder vergehen zu sehen. Je kleiner der Ausschnitt auf der komplexen Zahlenebene ist., der von ihm besichtigt wird, je tiefer er mit seinem Mikroskop also in die Punktmenge eindringt, um so höher muß er die Iterationszahl ansetzen, d. h. um so mehr Zeit muß vergehen, bis sich ihm Strukturen zeigen, die in diesem Ausschnitt existieren.

Wieder anders geartet sind sogenannte Palindromisierungsprozesse. Auch das sind iterative Prozesse, in denen Zahlen, die als farbige Pixel dargestellt sind, in bestimmter Weise manipuliert und angeordnet werden, so daß Strukturen entstehen, in denen bestimmte Substrukturen mit steigender Iterationszahl periodisch, similar oder fraktal reproduziert werden. Bei diesem Strukturbildungsverfahren gibt es die Möglichkeit, die Struktur bei unterschiedlichen Iterationszahlen (Zykluslänge) darzustellen. Mit jeder größeren Zykluslänge wird so ein räumlich größerer Bereich bei gleicher Ausschnittsgröße dargestellt, so daß unter bestimmten Bedingungen der Fall eintreten kann, daß sich in ihm Strukturen zeigen, die bei niedrigerer Zykluslänge zwar auch vorhanden, jedoch nicht sichtbar waren. Der Effekt ähnelt dem eines Teleskops für Raum *und* Zeit.

Entstehende und vergehende Strukturen werfen das Problem der Evolution auf. Hierzu wird im Folgenden die These vertreten, daß die Crux der Evolution die Iteration ist. „Zeit und Iteration" ist deshalb der Untertitel dieses Buches, dessen Anliegen es ist, zu zeigen, wie in den Grenzen der Mathematik Spiele im Raum und mit der Zeit möglich sind.

1. Ein Mikroskop für die Zeit.
Felix Ebertys „Die Gestirne und die Weltgeschichte".

1846/47 erschien in Breslau eine kleine Schrift in zwei Teilen mit dem Titel „Die Gestirne und die Weltgeschichte. Gedanken über Raum, Zeit und Ewigkeit."[1] Hinter dem Pseudonym „F. Y." des Autors verbarg sich Felix Eberty, zu jener Zeit am Amtsgericht in Hirschberg und zeitweilig als Richter in Lübben tätig. Eberty stammte aus einer wohlhabenden jüdischen Berliner Familie, hatte Rechtswissenschaften studiert und eine Professur für Natur- und Kriminalrecht an der Universität Breslau inne. Seine wissenschaftlichen Interessen waren außerordentlich vielseitig; neben seiner juristischen Tätigkeit betrieb er philosophische, literaturhistorische, mathematische und astronomische Studien. Er war Autor einer siebenbändigen „Geschichte des Preußischen Staats", von Biographien Walter Scotts und Lord Byrons, der „Jugenderinnerungen eines alten Berliners", einer Schrift über die „Aufgaben der Zeit", in der er über das Verhältnis des Staates zur Kirche nachdachte, und veröffentlichte als Achtzehnjähriger bereits einen Aufsatz in dem berühmten „Crellschen Journal für reine und angewandte Mathematik".[2] In seinen astronomischen Studien beschäftigte er sich mit der Frage, was aus den ungeheuren Entfernungen der Fixsterne von unserer Erde im Verein mit der Endlichkeit der Lichtgeschwindigkeit für unser Verständnis von Raum und Zeit folge.

1675 hatte der dänische Astronom Olaus (Ole) Römer aus den Verfinsterungen der Jupitermonde die Lichtgeschwindigkeit zu annähernd 300 000 km/sec bestimmen können. Für die Fixsternentfernungen lagen zu Beginn der vierziger Jahre des 19. Jahrhunderts bereits ziemlich genaue Werte vor. Beides zusammen genommen bedeutete, daß, wenn wir einen Fixstern sehen, der sich in einer Entfernung von mehreren Tausend oder gar Millionen von Lichtjahren von uns befindet, wir ihn nicht so sehen, wie er in diesem Augenblick ist, sondern so, wie er vor eben dieser Anzahl von Jahren gewesen ist. Je weiter ein Stern von uns entfernt ist, in einem um so älteren Zustand sehen wir ihn jetzt. Diese Einsicht war um 1840 herum bereits mehr oder weniger naturwissenschaftliches Allgemeingut, und Ebertys Schrift wäre womöglich gänzlich unbeachtet geblieben, wenn er sich mit ihr begnügt hätte.

Das Neue und Originelle seiner Schrift bestand jedoch darin, daß er den genau umgekehrten Blickpunkt wählte. Er versetzte sich gedanklich auf einen entfernten Fixstern und betrachtete von dort die Erde. Je nach dem, wie weit dieser Stern von der Erde entfernt war, könnte er sie mithin zu verschiedenen historischen Zeiten erblicken. Ein im Mond gedachter Beobachter würde die Erde nicht so erblicken, wie sie im Moment der Beobachtung, sondern so, wie sie ca. 5/4 Sekunden vor diesem Moment beschaffen war. Wer die Erde von der Sonne aus beobachtet, sieht sie nicht so, wie sie **jetzt** ist, sondern so, wie sie vor 8 Minuten war. „Bei der unermesslich grossen im Weltenraume ausgestreuten Anzahl von Fixsternen", so folgert Eberty, „welche in Entfernungen zwischen 4 Billionen und 5000 Billionen Meilen von uns im Aether schweben, wird also unzweifelhaft für jede beliebige Zahl von Jahren rückwärts gerechnet, sich ein Stern auffinden lassen, der (eine) vergangene Epoche unserer Erde gerade jetzt als gegenwärtig erblickt."[3]

---

[1] Wiederabgedruckt in: Clausberg, Karl: Zwischen den Sternen: Lichtbildarchive. Berlin 2006.
[2] Vgl.: Ebenda. S. 14-15.
[3] Eberty, F. Y.: Die Gestirne und die Weltgeschichte. Gedanken über Raum, Zeit und Ewigkeit. Breslau 1846. In: Ebenda. S. 143-144.

Denkt man sich darüber hinaus den fiktiven Beobachter mit der Fähigkeit ausgestattet, sich in Gedankenschnelle von einem Punkt des Universums zu einem beliebigen anderen zu versetzen und verfügte er über hinreichend leistungsstarke Teleskope, so wäre er in der Lage, die Erde und die auf ihr lebenden Menschen und Völker in ihren unterschiedlichsten Verrichtungen und Entwicklungsstadien zu sehen. „Will man zum Beispiel Luther vor dem Reichstag in Worms erblicken, so muß man sich in einer Sekunde auf einen Fixstern versetzen, von welchem das Licht etwa 300 Jahre (oder so viel mehr oder weniger) bedarf, um bis zur Erde zu gelangen. Von dort aus wird die Erde in der Lage und mit den handelnden Personen erscheinen, wie sie zur Zeit der Reformation sich zeigte. ... Und so kann durch den Lauf der Jahrhunderte abwärts bis auf die neueste Zeit jeder vergangene Augenblick wieder in die Gegenwart zurückberufen werden."[4]

Bedenkt man nun, daß diese Überlegung nicht allein für die Erde und die Abspiegelungen ihrer Geschichte und ihrer Gegenwart in den Fixsternen gilt, sondern für das gesamte Weltall, so gelangt man zu der wunderbaren Vorstellung, unser Universum sei gleichsam ein unermeßliches Lichtbildarchiv: „Wie ein ewig unverwüstliches und unbestechliches Archiv, dessen Inhalt lauterste, unmittelbare Wahrheit ist, umschliesst so der Weltenraum die Bilder des Vergangenen."[5]

Versetzt er im ersten Teil seiner Schrift den fiktiven Beobachter auf unermeßlich weit von der Erde entfernte Fixsterne, so läßt Eberty ihn im zweiten Teil mit Lichtgeschwindigkeit durch das Universum reisen. Bewegt der Beobachter sich in diesem Gedankenexperiment von einem Fixstern nach der Erde zu, so würden „sich die Bilder der Weltbegebenheiten in einem Augenblick zusammendrängen lassen."[6] Umgekehrt würde der Beobachter, wenn er sich mit Lichtgeschwindigkeit von der Erde weg bewegt, imstande sein, Vorgänge auf der Erde, die sich hier in einem relativ kurzen Zeitraum abspielen, gleichsam zeitgedehnt zu verfolgen und so eine Menge einzelner Begebenheiten entdecken können, von deren Vorhandensein wir auf der Erde keine Ahnung haben.

Eberty erläutert das so: „Nehmen wir an, dass das Licht, und mit ihm die Abspiegelung einer irdischen Begebenheit zu irgend einem Fixsterne zweiter Grösse genau in zwanzig Jahren gelangt. Nehmen wir ferner an, dass der Beschauer in dem Augenblicke wo z. B. eine Blüthenknospe sich zu erschliessen beginnt, bis zu diesem Fixsterne in einem Zeitraume von zwanzig Jahren und Einem Tage aufsteigt, so wird er dort das Bild dieser Blume in demjenigen Stadium der Entwicklung antreffen, in welchem sich **Einen** Tag nach ihrem ersten Aufblühen befindet. – Wenn er nun, mit unendlicher Sehkraft und Beobachtungsgabe ausgerüstet, diese Blüthenentwicklung während der ganzen Reise verfolgen könnte, so würde er zwanzig Jahre lang Zeit gehabt haben, um diejenigen Veränderungen zu studieren, welche mit der Blume auf Erden während eines Einzigen Tages vorgingen. – Die forteilende Entwicklung der Gestalten würde gleichsam vor seinem Auge fixiert."[7]

Es wäre auf diese Weise, so lautet Ebertys originale Schlußfolgerung, „gewissermassen ein **Mikroskop für die Zeit** gegeben."[8] Ein Blitzstrahl erscheint uns z. B. als ein momentanes Leuchten, ohne daß wir die Vorgänge zu unterscheiden vermögen, welche dieses Leuchten bewirken. „Könnten wir aber", so Eberty, „dem Bilde eines solchen Blitzstrahles nur bis zur

---

[4] Ebenda. S. 150.
[5] Ebenda. S. 150-151.
[6] Eberty, F. Y.: Die Gestirne und die Weltgeschichte. Gedanken über Raum, Zeit und Ewigkeit. II-tes Heft. Breslau 1847. In: Ebenda. S.164.
[7] Ebenda.
[8] Ebenda. S. 165.

Sonne hinauf, durch acht Minuten folgen, so würden sich uns über die Natur dieses Phaenomens Geheimnisse erschliessen, welche in ihrer Art gewiss nicht minder staunenswerth wären, als die lebenden Welten, die das Mikroskop uns in Wassertropfen offenbart."[9]

Ebertys Überlegungen enthalten keine logischen Widersprüche; sie halten sich an das, was denkmöglich ist. Sie sind rein gedankliche Experimente, bei denen zunächst „von allen Ansprüchen auf Wirklichkeit und Ausführbarkeit abstrahiert wird."[10] Doch glaubt er nicht , sich einem „leeren Phantasiespiel"[11] ergeben zu haben. Sein nächster Schritt besteht deshalb darin, zu zeigen, daß Raum und Zeit keine Wesenheiten an sich sind, sondern lediglich eine Art und Weise, wie wir die Dinge wahrnehmen, also bloße Anschauungsformen.

Hier seine Argumentation. Zunächst für die Zeit.

Stellen wir uns vor, daß von einem bestimmten Zeitpunkt an alles Geschehen in unserer Welt doppelt so schnell erfolgen würde als zuvor. Eine solche Veränderung wäre, da sie **alles** Geschehen umfaßt – den Lauf der Gestirne, die Entwicklung der Pflanzen und Tiere und den gesamten menschlichen Lebensprozeß mit allen seinen Rhythmen -, von uns nicht wahrnehmbar. Was aber der Verdoppelung recht ist, muß der Vervierfachung, Verachtfachung usw. billig sein. „Wir können uns auf diese Weise den ganzen Verlauf der Weltgeschichte in einen Einzigen unermessbar kurzen Zeitmoment zusammengedrängt denken, ohne dass wir eine Veränderung wahrnehmen würden und könnten, ja ohne dass wir eine Veränderung erlitten."[12] Die Zeit ist somit „lediglich eine Art und Weise ..., wie der menschliche Geist mit Hülfe der menschlichen Sinne das Geschehen der Begebenheiten wahrnimmt, während diese Begebenheiten mit derselben Vollständigkeit und Vollkommenheit auch in einer längeren oder kürzeren Zeit geschehen können, also unabhängig von der Zeit gedacht werden müssen."[13] Die gesamte Weltgeschichte, so lautet das Fazit dieser Überlegung, kann und muß folglich „unabhängig von der Zeit gedacht werden ...- Die Zeit ist nur der Rhythmus der Weltgeschichte."[14]

Analoges gilt für den Raum.

Denken wir uns von dem gegenwärtigen Augenblick an sämtliche Dimensionen des ganzen Weltalls auf die Hälfte reduziert, so würde auch diese Veränderung nicht wahrzunehmen sein, „und wir würden uns, nach einer solchen Verkleinerung mit demselben Rechte, wie Gullivers Lilliputaner, für vollkommen wohlgewachsene Menschen halten."[15] Mehr noch: „Wir würden uns, wenn unser Fixsternsystem plötzlich mit Allem was es enthält, zu der Grösse eines Sandkornes sich zusammenzöge, in dieser kleinsten Welt mit derselben Unbefangenheit und Bequemlichkeit regen und bewegen, mit der wir in dieser uns so gross erscheinenden Schöpfung leben, weben und sind."[16]

Doch selbst ein Sandkorn hat noch Länge, Höhe und Breite. Die Argumentation kann jedoch – so Eberty – ohne weiteres bis zu der Vorstellung geführt werden, daß der Raum bis auf einen einzigen Punkt reduziert wird. Um dies zu illustrieren, verweist er auf die

---

[9] Ebenda.
[10] Ebenda. S. 166.
[11] Ebenda. S. 168
[12] Ebenda. S. 178.
[13] Ebenda. S. 181.
[14] Ebenda. S. 182.
[15] Ebenda. S. 184.
[16] Ebenda.

Zauberlaterne, die laterna magica. Diese zeigt bekanntlich ein Bild, das ursprünglich auf eine Glaslinse geworfen wird, in umgekehrter Lage auf einer hinter dem Brennpunkt der Linse aufgestellten Wand. Rückt man die Zauberlaterne nun so nahe an die Wand, daß der Brennpunkt der Linse genau auf die Wand fällt, so erscheint der Brennpunkt als ein einziger unteilbarer Lichtpunkt. Dieser Punkt enthält das ganze ursprüngliche Bild in sich; in ihm ist die ganze Fläche des Bildes konzentriert. Wenn aber ein einzelner Punkt den Inhalt einer ganzen Fläche enthalten kann, dann müssen wir, wenn wir diesen Inhalt mit unseren menschlichen Augen erfassen wollen, zur Fläche zurückkehren und den Punkt wieder in die Fläche auflösen. Der Raum kann somit als ein Mittel gedacht werden, um uns das Nebeneinanderbestehen der Bilder zur Anschauung zu bringen, „als eine bloße Anschauungsform"[17], als „eine Art und Weise ..., wie wir die Dinge gewahr werden."[18]

Damit glaubte Eberty, nachgewiesen zu haben, „daß ein Standpunkt **denkbar** ist, von welchem aus die Welt nicht mehr der zeitlichen und räumlichen Ausdehnung bedarf, um zu existieren und begriffen zu werden."[19]

Ebertys Schrift hat in den anderthalb Jahrhunderten seit ihrer Veröffentlichung eine vielseitige Wirkungsgeschichte erfahren. In Deutschland mehrmals neu aufgelegt – im 20. Jahrhundert zuletzt 1925 – und in einer englischsprachigen Raubkopie wurde das Werk in weiten Kreisen der wissenschaftlichen und künstlerischen Intelligenz bekannt. Karl Clausberg ist der vielgliedrigen und weit verzweigten Proliferationskette der Ebertyschen Schrift akribisch nachgegangen. Er führt vor, wie Kerngehalte der Ebertyschen Perspektiven das Denken von Naturwissenschaftlern, Philosophen und Künstlern nicht nur in Deutschland, sondern auch in England und in den USA, im baltischen Raum, in der Schweiz und in Frankreich beeinflußt haben.

Besonders interessant in diesem Zusammenhang ist die Frage, ob Ebertysches Gedankengut auch bei der Entstehung der Einsteinschen Relativitätstheorien – zumindest der speziellen - Pate gestanden hat. Clausberg glaubt Gründe für die Vermutung zu haben, Einstein sei bereits im jugendlichen Alter mit Ebertys Schrift bekannt gewesen.[20] Doch sind es weniger die Folgerungen, welche Eberty aus seinen Überlegungen ableitet, etwa daß Raum und Zeit lediglich Anschauungsformen seien, denen Einstein gefolgt wäre. Was sich sowohl bei Eberty als auch bei Einstein findet, sind vielmehr Kernelemente des Herangehens an die Problematik. Hier wie da sind es Gedankenexperimente, in denen bewegte Beobachter agieren. Hier wie da spielt die Fortpflanzungsgeschwindigkeit des Lichts eine zentrale Rolle. Und hier wie da ist Dehnung von Zeit und Kontraktion von Längen nichts Ungewöhnliches.

Wie sehr sich jedoch Einsteins und Ebertys theoretische und philosophische Positionen voneinander unterscheiden, wird z. B. daraus ersichtlich, daß Raum und Zeit für Einstein nicht bloße Anschauungsformen sind, sondern eine physikalische Bedeutung haben, die eben auf der Lichtgeschwindigkeit gründet: „Es ist der Relativitätstheorie oft vorgeworfen worden, daß sie der Lichtfortpflanzung ungerechtfertigterweise eine zentrale theoretische Rolle zuweise, in dem sie auf das Gesetz der Lichtfortpflanzung den Zeitbegriff gründe. Damit verhält es sich wie folgt. Um dem Zeitbegriff überhaupt physikalische Bedeutung zu geben, bedarf es der Benutzung irgendwelcher Vorgänge, welche Relationen zwischen verschiedenen Orten herstellen können. Welche Art von Vorgängen man für eine solche Zeitdefinition wählt, ist an sich gleichgültig. Man wird aber mit Vorteil für die Theorie nur einen solchen Vorgang

---

[17] Ebenda. S. 189.
[18] Ebenda. S. 190.
[19] Ebenda.
[20] Vgl.: Clausberg, Karl: Zwischen den Sternen: Lichtbildarchive. A. a. O. S. 7 – 10.

wählen, von dem wir etwas Sicheres wissen. Dies gilt von Lichtausbreitung im leeren Raume in höherem Maße als von allen anderen in Betracht kommenden Vorgängen."[21]

Doch immerhin war es Einstein, der für die Neuauflage der Ebertyschen Schrift 1923 eine Einleitung schrieb. In ihr heißt es einerseits: „Dies Büchlein, von einem originellen, geistreichen Menschen geschrieben, entbehrt nicht des aktuellen Interesses. Denn es zeigt auf der einen Seite kritischen Geist gegenüber dem überkommenen Zeitbegriff." Doch andererseits bescheinigt Einstein dem Autor „eigentümliche Folgerungen", mit denen die Relativitätstheorie nicht konform geht, oder wie Einstein es vornehm ausdrückt: „vor welchen ... uns die Relatitivitätstheorie rettet."[22]

Wir werden hier nicht der Frage nachgehen, inwieweit Ebertys Konzeption von Raum und Zeit als bloßen Anschauungsformen in der Geschichte der Philosophie bedeutende Vorgänger gehabt hat. In einem solchen philosophie-historischen Exkurs müßte insbesondere erörtert werden, wie tief Eberty mit Kants „Kritik der reinen Vernunft" bekannt war, in der Raum und Zeit als „zwei reine Formen sinnlicher Anschauung, als Prinzipien der Erkenntnis a priori"[23] erscheinen, als „zwei Erkenntnisquellen, aus denen a priori verschiedene synthetische Erkenntnisse geschöpft werden können."[24] Der verbale Gleichklang von Raum und Zeit als „reinen Anschauungsformen" darf indes nicht über die Verschiedenheit der Wege hinweg täuschen, auf denen beide zu dieser Folgerung gelangten: Kant, indem er nach den Quellen der Erkenntnis fragt, und Eberty, der aus einem Raum- bzw. Lichtpunkt die in diesem präsente Welt erstehen läßt, indem sie von uns angeschaut wird.

Es ist jedoch nicht Ziel unserer Betrachtung, den philosophischen Standort Ebertys zu bestimmen und zu bewerten. Was uns hier einzig interessiert, ist seine Idee eines „Mikroskops für die Zeit," die Möglichkeit, daß ein Lichtreisender von jedem Vorgang soviel Kenntnis haben könnte, wie er nur wollte, wenn er seine Beobachtung dieses Vorgangs in beliebig kleinen kontinuierlichen Zeitschritten vornehmen würde.

Natürlich ist Ebertys „Mikroskop für die Zeit" eine Fiktion, eine Gedankenkonstruktion. Es ist zwar denkmöglich, weil logisch widerspruchsfrei. Es widerspricht jedoch der Erkenntnis, die wir der Relativitätstheorie verdanken, daß die Lichtgeschwindigkeit eine Grenzgeschwindigkeit ist, die von materiellen Körpern nicht erreicht oder gar überschritten werden kann. Das mag Einstein wohl auch bewogen haben, von „eigentümlichen Folgerungen" zu sprechen, die in Ebertys Schrift enthalten sind und vor denen uns die Relativitätstheorie rettet.

Nichtsdestotrotz ist die Möglichkeit eines „Mikroskops für die Zeit" eine faszinierende Vorstellung. Daß sie keine bloße Vorstellung bleiben muß, wollen wir im Folgenden zeigen. Doch müssen wir uns zu diesem Zweck in Welten begeben, die im Reiche der Mathematik angesiedelt sind: Einmal in die komplexe Zahlenebene und zum anderen in die palindromischen Gefilde.

---

[21] Einstein, Albert: .Grundzüge der Relativitätstheorie. Braunschweig 1965. S. 19.
[22] Zitiert in Clausberg, Karl: Zwischen den Sternen: Lichtbildarchive. A. a. O. S. 8 –9.
[23] Kant, Immanuel: Kritik der reinen Vernunft. I. Transzendentale Elementarlehre. Erster Teil. Die transzendentale Ästhetik. § 1.
[24] Ebenda. § 7.

2. Ein Mikroskop für Raum und Zeit.
Das Apfelmännchen.

Die Welt, in die wir uns jetzt begeben, existiert in der komplexen Zahlenebene. Sie ist eine mathematische Struktur von endlicher Größe, aber unendlichem Reichtum an strukturellen Inhalten. Die Reise durch diese Welt bedarf jedoch einiger Vorbereitungen. Wir wollen sie so kurz wie möglich halten.

Die komplexe Zahlenebene ist eine Ebene, in der zwei Geraden senkrecht aufeinander stehen, von denen die horizontale die reelle Achse darstellt, auf der die reellen Zahlen angeordnet sind, und die senkrechte die imaginäre Achse, auf der die imaginären Zahlen dargestellt sind. Imaginäre Zahlen sind solche, die aus reellen Zahlen dadurch entstehen, daß aus deren negativen Werten die Quadratwurzel gezogen wird. Die imaginäre Einheit ist $i = \sqrt{-1}$. Eine Zahl z, die einen reellen und einen imaginären Bestandteil hat, z. B. $z = 4 + 2i$, heißt eine komplexe Zahl.

In der komplexen Zahlenebene entspricht jedem Punkt z eine komplexe Zahl $z = x + yi$., deren Bestandteile x und yi die Koordinaten dieses Punkte sind. Der Punkt z kann auch

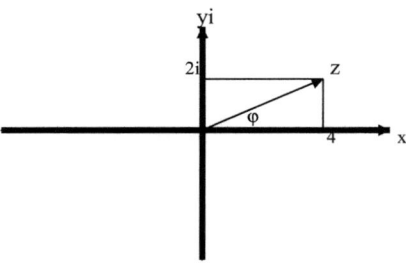

durch den Pfeil bestimmt werden, der vom Nullpunkt aus zu ihm führt, und zwar durch den Winkel φ, den der Pfeil (Vektor) mit der reellen Achse bildet, und dem Betrag der Länge des Pfeils, welche $\sqrt{x^2 + y^2}$ ist.

Wir nehmen nun folgende Operation vor. Wir wählen eine Funktion $f(z) \rightarrow z^2 + c$, wobei z und c komplexe Zahlen sind. Wenn wir $z = 0$ setzen, also uns im Ursprung des Koordinatensystems befinden, dann wird $c_1 = f(0) = c$. Auf den so erhaltenen Punkt c_1 wenden wir jetzt dieselbe Operation an und erhalten $c_2 = f(c_1) = c^2 + c$. Dieser Punkt erfährt nunmehr dasselbe Schicksal: $c_3 = f(c_2) = (c^2 + c)^2 + c = c^4 + 2c^3 + c^2 + c$. Auf die gleiche Weise werden c_4, c_5 usw. gebildet. Ein Verfahren wie dieses, bei dem auf das Ergebnis einer Operation dieselbe Operation erneut angewendet wird und dieser Prozeß so lange weitergeführt wird, bis er abgebrochen wird, heißt **Iteration**.

Nehmen wir als Beispiel $c = c_1 = 1 + 2i$. Dann ist
$c_2 = c_1{}^2 + c = (1 + 2i)^2 + 1 + 2i = -2 + 6i$,
$c_3 = c_2{}^2 + c = (-2 + 6i)^2 + 1 + 2i = -31 - 22i$,
$c_4 = c_3{}^2 + c = (-31 - 22i)^2 + 1 + 2i = 478 + 1366i$,
usw.

Des weiteren soll ermittelt werden, ob die Folge der c_n konvergiert, die c_n also immer endlich bleiben, oder divergiert, d. h. daß die c_n beliebig groß zu werden drohen. Zu diesem Zweck betrachtet man an Stelle der Zahlen $c_n = x_n + y_n i$ deren Absolutbeträge $|c_n| = \sqrt{x^2 + y^2}$. So entsteht eine Folge positiver reeller Zahlen, nach deren Konvergenz oder Divergenz gefragt ist. In unserem Beispiel wird

$$|c_1| = \sqrt{1^2 + 2^2} \qquad = \sqrt{1 + 4} \qquad\qquad = \sqrt{5} \qquad = \quad 2,2360,$$
$$|c_2| = \sqrt{2^2 + 6^2} \qquad = \sqrt{4 + 36} \qquad\qquad = \sqrt{40} \qquad = \quad 6,3245,$$
$$|c_3| = \sqrt{31^2 + 22^2} \quad = \sqrt{961 + 484} \qquad\quad = \sqrt{1445} \quad = \quad 38,0131,$$
$$|c_4| = \sqrt{478^2 + 1366^2} = \sqrt{228484 + 1865956} = \sqrt{2094440} = 1447,2180.$$

Diese Folge divergiert offensichtlich.

Wenn nun für den gewählten Punkt c die Folge der c_n nicht divergiert, so soll dieser Punkt schwarz gefärbt werden. Divergiert die Folge, so soll der Punkt eine bestimmte Farbe erhalten je nach dem, ab welchem Iterationsschritt klar ist, daß sie divergiert.

Hält man sich an diese Vorschrift, so entsteht in der komplexen Zahlenebene ein farbiges Muster, eine unterschiedlich gefärbte Struktur. Abb. 1 zeigt einen Ausschnitt aus der komplexen Zahlenebene, der von x = -2,25 bis x = 1 und von y = -1,2 bis y = 1,2 reicht, wobei die Anzahl der Iterationen 160 beträgt.

Abb. 1

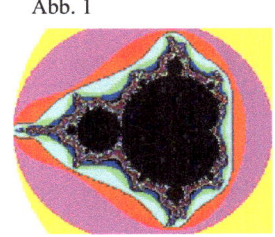

Diese Struktur wurde 1980 an der Harvard Universität von Benoit Mandelbrot erstmalig visualisiert und beschrieben.[25] Nach ihrem Entdecker wurde sie die Mandelbrot-Menge genannt; gelegentlich hört sie wegen ihrer einprägsamen Gestalt auch auf den volkstümlicheren Namen „Apfelmännchen". Sie ist eine fraktale Struktur, die über viele faszinierende Eigenschaften verfügt, die hier zu referieren weit über das Anliegen dieses Buches hinaus ginge.[26]

Wir richten hier unser Augenmerk auf eine einzige Eigenschaft der Mandelbrot-Menge: Auf den Zusammenhang zwischen der Anzahl an Iterationen und der durch sie im Innern der Menge erzeugten Strukturen. Ein solcher Zusammenhang besteht deshalb, weil bei einer nur geringen Anzahl an Iterationen mitunter noch nicht klar entschieden werden kann, ob die

---

[25] Vgl.: Mandelbrot, Benoit: Fraktale und die Wiedergeburt der Experimentellen Mathematik. In: Peitgen, Heinz-Otto, Jürgens, Hartmut, Saupe, Dietmar: Bausteine des Chaos. Fraktale. Berlin-Heidelberg-NewYork 1992. S. 17-18.
[26] Wer sich im Einzelnen für diese Struktur interessiert, ohne dabei komplizierte mathematische Operationen befürchten zu müssen, dem empfehle ich meine Beschreibung der abenteuerlichen Reise des Computers Alex durch den inneren Rand des Apfelmännchens. Vgl.: Kröber, Karl Günter: Das Märchen vom Apfelmännchen. Bd. 1. Wege in die Unendlichkeit. Bd. 2. Reise durch das malumitische Universum. Rowohlt. Reinbek 2000.

Folge der c_n für den Punkt c letztlich divergiert oder nicht. Es kann sich herausstellen, daß die Folge, obgleich sie zu Beginn zu konvergieren scheint oder ein unentschiedenes Verhalten zeigt, erst bei einer größeren Iterationszahl eindeutig zu divergieren beginnt.

Dieses Verhalten wollen wir uns an mehreren Orten im Innern der Mandelbrot-Menge genauer ansehen. Wir wählen dafür einen jeweiligen Ausschnitt aus der gesamten Struktur, der links auf der reellen Achse von der Koordinate ReStart und rechts von ReEnd begrenzt sein soll. Von der imaginären Achse braucht nur ein einziger Wert ImStart angegeben zu werden, da die Größe des Ausschnitts längs der x-Achse bei gegebener Auflösung des Monitors dann auch das ImEnd bestimmt. Um zu Abb.1 zurückzukehren: Längs der reellen Achse beträgt die Länge des Ausschnitts 2,25 + 1 = 3,25. Hat der Monitor eine Auflösung von 640 Pixel in der Breite und 480 in der Höhe, so erstreckt er sich in diesem Falle von ImStart = -1,2 bis ImEnd = 1,2, denn 3,25/640 = k/480, d. h. k = 2,4.

Eine letzte Bemerkung zum Verständnis des Folgenden. Das Programm, das uns die Bilder der Mandelbrot-Menge zu visualisieren gestattet, wurde von Herrn Dr. Christian Schmidt (Berlin) geschrieben. Es ist so angelegt, daß wir uns mit den ImStart-Werten im negativen Bereich der imaginären Achse bewegen, dabei aber die jeweils entstehenden Strukturen spiegelbildlich sehen, d. h. so, als befänden sie sich im positiven Bereich. Da die Gesamtstruktur des Apfelmännchens symmetrisch in Bezug auf die reelle Achse ist, also oberhalb von ihr genau so aussieht, wie unterhalb von ihr, wirkt diese Eigenschaft des Programms nicht störend.

Wir begeben uns nunmehr auf die Reise und wählen als ersten Beobachtungsort einen Ausschnitt auf dem spitzen Dorn am rechten Rand des Apfelmännchens, wie er auf Abb. 2 zu sehen ist. Unseren Standort auf dem Dorn wählen wir so, daß wir den oberen Rand des Dorns gerade noch im Blickfeld haben (Abb. 3). Wir sehen, daß der Boden gewellt ist und an zwei Stellen spitze Erhebungen aufweist. Ohne unseren Standort zu verändern, erhöhen wir jetzt die Iterationszahl von 160 auf 228 (Abb. 4), 480 (Abb. 5), 800 (Abb. 6) und schließlich auf 16000 (Abb. 7). Wir bemerken, wie die beiden spitzen Erhebungen weiter aus dem Boden herauswachsen, sich zu Spiralen formen, an deren Rändern sich ebensolche Spiralen bilden, und an deren Ursprüngen sich jeweils ein schwarzes Loch ausbildet. Am oberen Rand des Bildes aber geschieht etwas Wunderbares: Eine neue Struktur entsteht, die dem ursprünglichen Apfelmännchen täuschend ähnlich sieht; sie unterscheidet sich von ihm lediglich dadurch, daß sie nicht geschlossen ist wie dieses, sondern da, wo am rechten Rand des ursprünglichen Apfelmännchens der Dorn sitzt, geöffnet ist.

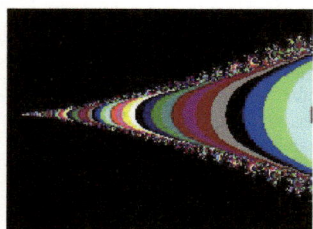

Abb. 3
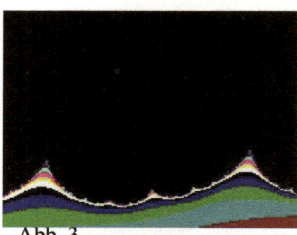

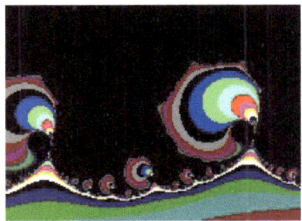

Abb. 4   Abb. 5

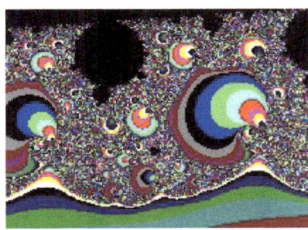

Abb. 6   Abb. 7

Solche kleinen, nennen wir sie „offene", Apfelmännchen bilden sich am gesamten inneren Rand des großen Apfelmännchens, das wir das „Ur-Apfelmännchen" nennen wollen. Ihre Größe ist verschieden; unter ihnen sind größere, wie das, welches auf Abb. 7 gut zu erkennen ist, kleinere, von denen auf Abb. 7 ebenfalls noch einige erkennbar sind, und ganz winzige, die mit bloßem Auge schon nicht mehr auszumachen sind.

Wir richten unser Augenmerk nun darauf, daß die offenen Apfelmännchen, wenn man vom fehlenden Dorn absieht, genau so strukturiert sind wie das Ur-Apfelmännchen. Wir könnten am inneren Rand eines solchen offenen Vertreters der Gattung Apfelmännchen mithin alles wiederfinden, was wir am inneren Rand des Ur-Apfelmännchens angetroffen haben: Sich bildende Spiralen, schwarze Löcher und wieder neue, noch kleinere offene Apfelmännchen.

Wir könnten diesen Prozeß beliebig lange fortsetzen, wenn wir technisch dazu in der Lage wären. Die technische Ausführbarkeit aber setzt voraus, daß wir nicht nur in immer kleinere Dimensionen hinabsteigen müßten, also über ein Mikroskop mit beliebig hohem Auflösungsvermögen verfügen müßten, sondern auch die Iterationszahl beliebig groß ansetzen müßten. Gehen wir nämlich immer tiefer in die Struktur hinein, d. h. betrachten wir einen Ausschnitt, wie z. B. den Dorn des Ur-Apfelmännchens, so lassen sich die entstehenden Spiralen und die sich bildenden offenen Apfelmännchen nur sichtbar machen, wenn zugleich die Iterationszahl erhöht wird. Da Strukturbildung aber immer in der Zeit vor sich geht, kann die Iterationszahl gewissermaßen als Zeitmesser dienen: Mit steigender Iterationszahl lassen wir Zeit vergehen, die benötigt wird, damit sich neue Strukturen bilden können, und umgekehrt bilden sich mit sinkender Iterationszahl bestehende Strukturen zurück und zeigen sich in vergangenen Entwicklungsstadien. Ein Computer, der beides leistet, d. h. wie ein gewöhnliches Mikroskop kleine Dimensionen beliebig vergrößert und zugleich die Iterationszahl beliebig zu vergrößern gestattet, wäre gleichsam ein **Mikroskop für Raum und Zeit.**

14

Wir werden deshalb ein Maß festsetzen, das uns die Iterationszahl in Zeiteinheiten auszudrücken gestattet. Wir legen fest: 16 Iterationsschritte sollen einem Jahr malumitischer Zeit entsprechen.[27] Bei Iterationszahl 16 befänden wir uns demzufolge im Jahre 1 m. Z., bei 32 hätten wir das Jahr 2 m. Z. erreicht, bei 160 das Jahr 10 m. Z. usw.

Wir wollen an zwei Begebenheiten demonstrieren, was dieses Mikroskop zu leisten vermag. Bei der einen verändern wir sukzessive unseren Standort, indem wir in immer kleinere Dimensionen vordringen und dabei die Iterationszahl entsprechend erhöhen. Das gestattet es, Strukturen, die gegenwärtig noch nicht sichtbar sind, gleichsam aus der Zukunft hervorzuzaubern. Bei der anderen werden wir den Standort nicht verändern und die Entwicklungsgeschichte von bestehenden Strukturen in der Vergangenheit zurück verfolgen, indem wir die Iterationszahl sukzessive verringern.

Um den ersten Fall zu demonstrieren, begeben wir uns zunächst an einen Ort, von dem aus wir die spitze „Nase" des Ur-Apfelmännchens überblicken können (Abb. 8). Ohne weiteres sind hier drei kleinere Mini-Apfelmännchen zu erkennen, die sogar geschlossen sind, d. h. wie das Ur-Apfelmännchen über einen spitzen Dorn am rechten Rand verfügen. Die Iterationszahl beträgt hier 160, d. h. wir befinden uns im Jahre 10 m. Z. Jetzt lassen wir uns auf das größere der drei Mini-Apfelmännchen herab und überzeugen uns, daß es tatsächlich wie das Ur-Apfelmännchen strukturiert ist (Abb. 9). Allerdings müssen wir zu diesem Zweck die Iterationszahl von 160 in Abb. 8 auf 1600 erhöhen, d. h. uns in das Jahr 100 m. Z. begeben.

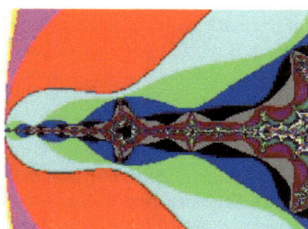

Abb. 8   Abb. 9

Vom nächsten Standort aus wollen wir den spitzen Dorn am rechten Rand des Mini-Apfelmännchens überschauen, indem wir noch im Jahre 100 m. Z. verharren (Abb. 10). Sodann steuern wir auf den Rand dieses spitzen Dornes zu und betrachten ihn zunächst im Jahre 15 m. Z. (Abb. 11) und schließlich im Jahre 100 m. Z. (Abb. 12). Wieder haben sich auf dem inneren Rand des spitzen Dornes offene Apfelmännchen gebildet, wie wir das bereits auf dem Rand des Dornes beim Ur-Apfelmännchen erlebt haben.

---

[27] Der Terminus „malumitische Zeit" (m. Z.) ist abgeleitet vom Lateinischen „malum", welches „Apfel" bedeutet. Die malumitische Zeit (m. Z.) ist die Zeit im malumitischen Universum, dem Apfelmännchen.

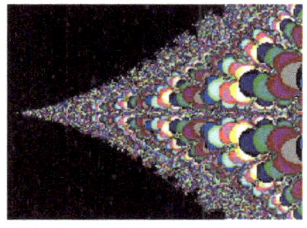

Abb. 10

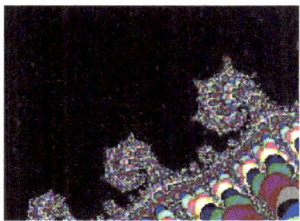

Abb. 11

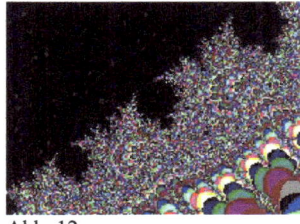

Abb. 12

Würden wir noch weiter in Raum und Zeit fortschreiten, so wären wir in der Lage, noch tiefer in das Innere des Ur-Apfelmännchens und seiner offenen und geschlossenen Mini-Apfelmännchen hinabzusteigen, und könnten uns überzeugen, daß überall in den Tiefen des Ur-Apfelmännchens an verschiedenen Orten und zu verschiedenen Zeiten Strukturen entstehen, die denen des Ur-Apfelmännchens ähnlich sind.

Für die Demonstration des zweiten Falles wählen wir einen Ort im Ur-Apfelmännchen, der nahe dem spitzen Dorn am rechten Rande liegt. Dieser Ort hat die Besonderheit, daß er historisch – im Sinne malumitischer Zeit – aus einer Spirale mit elf Spiralarmen hervorgegangen ist. Wir betreten ihn zunächst im Jahre 100 m. Z. und erfreuen uns eines voll ausgebildeten offenen Mini-Apfelmännchens (Abb. 13). Gehen wir am selben Ort in das Jahr 50 m. Z. zurück, so ist das Mini-Apfelmännchen noch nicht ganz voll ausgebildet (Abb. 14), im Jahre 5 m. Z. ist es in allererste Konturen erkennbar (Abb. 15), und gehen wir schließlich ins Jahr 4 m. Z. zurück, so ist zu dieser Zeit überhaupt noch kein Mini-Apfelmännchen erkennbar, dafür aber ist am Grunde der spiraligen Auswürfe des Randes eine kleine Spirale mit elf Armen sichtbar (Abb. 16).

Abb. 13   Abb. 14

Abb. 15   Abb. 16

Wir hätten diesen zweiten Fall natürlich auch an den Abbildungen 3 bis 7 demonstrieren
können, wenn wir sie in umgekehrter Folge gelesen hätten. Die Demonstrationen zeigen
mithin, daß unser Mikroskop für Raum und Zeit es gestattet, im malumitischen Universum
sowohl in Tiefen unterschiedlicher Dimension vorzudringen als dabei auch Zeitreisen in die
Vergangenheit wie in die Zukunft vorzunehmen.[28] Da es sowohl ermöglicht, kleinere
Dimensionen zu vergrößern als auch größere zu verkleinern, und in die Vergangenheit wie
auch in die Zukunft zu schauen, ist unser Mikroskop im Grunde genommen Mikroskop und
Teleskop zugleich. Für die Erforschung des malumitischen Universums ist jedoch in erster
Linie seine Fähigkeit, als Mikroskop in Raum und Zeit zu fungieren, entscheidend.
Das malumitische Mikroskop für Raum und Zeit macht es möglich, im malumitischen
Universum klar geordnete Strukturen ausfindig zu machen, wo auf den ersten Blick Chaos
herrscht. Betrachten wir z. B. noch einmal Abb.13, so erscheint die Umgebung des dortigen
offenen Mini-Apfelmännchens als recht chaotisches Pixelgemisch. Der Blick in die
Vergangenheit dieser Umgebung auf Abb.16 zeigt jedoch, daß sie aus einer Spirale mit elf
Armen hervorgegangen ist . Wir schreiben diesem Mini-Apfelmännchen deshalb die Ordnung
11 zu.

Wesentlich komplizierter wird es jedoch, wenn wir uns in Gegenden des Ur-Apfelmännchens
begeben, die von viel höherer Ordnung sind. Theoretisch sind offene Mini-Apfelmännchen
von einer beliebig hohen Ordnung möglich und mit einem hinreichend leistungsfähigen
Mikroskop für Raum und Zeit auch praktisch nachweisbar. Dabei zeigt sich, daß die scheinbar
chaotische Umgebung eines offenen Mini-Apfelmännchens so strukturiert ist, daß in den
verschiedenen historischen Etappen Spiralen dominieren, bei denen die Anzahl ihrer Arme
den Primfaktoren folgt, aus denen sich die Ordnungszahl des betreffenden Mini-

---

[28] Diese Möglichkeit erlaubt es dem Computer Alex im „Märchen vom Apfelmännchen", ein phantastisches
Raum-Zeit-Surfing zu absolvieren. Vgl: Das Märchen vom Apfelmännchen. A. a. O. Bd. II, Kapitel 9.

Apfelmännchens zusammensetzt, wobei die Reihenfolge der Primfaktoren den Ort bestimmt, an dem sich dieses Mini-Apfelmännchen befindet.

Hätten wir also ein offenes Mini-Apfelmännchen der Ordnung 273 und würden wir in seine malumitische Vergangenheit schauen, so fänden wir Spiralen mit drei, sieben und dreizehn Armen, denn 3x7x13 = 273. Doch offene Mini-Apfelmännchen mit der Ordnung 273 gibt es nicht nur eines. Die Reihenfolge der Primfaktoren entscheidet darüber, wo im Ur-Apfelmännchen sich das betreffende Mini-Apfelmännchen befindet. Z. B. bezeichnet die Reihenfolge 3x7x13 ein offenes Mini-Apfelmännchen, bei dem wir in umgekehrter Folge erst Spiralen mit 13 Armen und dann – in der malumitischen Zeit zurückgehend – solche mit 7 und 3 Armen finden würden. Außer diesem einen gibt es aber noch fünf weitere offene Mini-Apfelmännchen der Ordnung 273, die der Reihenfolge der Primfaktoren 7x3x13, 3x13x7, 7x13x3, 13x7x3 und 13x3x7 entsprechen und im Ur-Apfelmännchen an anderen Orten gelegen sind.

Im zweiten Band unseres „Märchens vom Apfelmännchen" haben wir diese Zusammenhänge ausführlich und bildlich am Beispiel eines Mini-Apfelmännchens der Ordnung 2310 dokumentiert.

3. Ein Teleskop für Raum und Zeit.
Verborgene Similaritäten.

Das malumitische Universum mit seinen unermeßlich vielen Mini-Universen kam durch Iteration der Beziehung $z^2 \rightarrow z + c$ zustande, wobei z und c komplexe Zahlen sind. Die Universen, denen wir uns jetzt zuwenden, und in denen wir ein Teleskop für Raum und Zeit zum Einsatz bringen wollen, verdanken ihre Existenz ebenfalls einem iterativen Prozeß. Dieser ist jedoch ganz anders beschaffen als der, welcher die Mandelbrot-Menge erzeugt. Es handelt sich um einen Palindromisierungsprozeß.

Unter einem Palindrom versteht man gemeinhin ein Wort oder einen Satz, das bzw. der ebenso von links nach rechts wie von rechts nach links gelesen werden kann. „Marktkram" ist ein solches Wort, und „O Genie, der Herr ehre dein Ego" ein solcher Satz. Allgemein gesagt ist ein Palindrom eine symmetrische Struktur, deren linke Hälfte die inverse der rechten bzw. umgekehrt ist. Palindromische Strukturen gibt es nicht nur in der Sprache, sondern auch in der Musik und der Malerei. Doch auch in der Natur sind sie zu finden, z. B. in der DNS der Organismen, in der bestimmte, genetisch aktive Abschnitte palindromisch strukturiert sind.

Unsere Palindromisierungsprozesse haben es mit Zahlen zu tun. Eine Zahl wird in ihrer Ziffernfolge umgekehrt, und Ausgangs- und Umkehrzahl werden entweder addiert oder die kleinere von der größeren subtrahiert. Auf das Ergebnis wird dieselbe Operation angewandt: Umkehrung und Addition oder Subtraktion. Wir legen nun eine bestimmte Abfolge von Additionen und Subtraktionen fest, die wir den Palindromisierungsmodus nennen wollen, und schreiben die Ergebnisse jedes Palindromisierungsschrittes zentriert untereinander, wobei wir den einzelnen Ziffern Farben zuordnen, z. B. der Null die Farbe Schwarz, der Eins Weiß usw. Im Resultat erhalten wir ein dreiecksähnliches farbiges Gebilde, das im allgemeinen aus einem chaotischen Pixelgemisch besteht, in dem sich aber auch bestimmte Muster ausbilden können.[29]

So kann es sich z. B. erweisen, daß in einer Ergebnissequenz ein bestimmter Abschnitt sich nach einer bestimmten Anzahl von Schritten, also in der Zeit, identisch und periodisch wiederholt, oder ein bestimmtes Muster sich similar wiederholt, d. h. in Abhängigkeit von einem bestimmten Skalierungsfaktor größer oder kleiner wird.

Die Palindromik, so heißt das Wissensgebiet, das sich mit der Analyse von Strukturbildungen durch Palindromisierung beschäftigt, kennt einige Grundtypen solcher Strukturen. Dazu gehören: Perioden, bei denen sich bestimmte Zahlensequenzen periodisch und identisch wiederholen, sowie Similaritäten, bei denen sich ein bestimmtes Muster, zumeist ein Dreieck, similar wiederholt. Bei beiden Typen wiederholen sich die Muster im Verlaufe des Palindromisierungsprozesses rein zeitlich gesehen. Ein dritter Typ sind die Sierpinski-Dreiecke, welche fraktale Strukturen sind, bei denen sich ein Muster, die Elementarzelle, sowohl räumlich als auch zeitlich wiederholt. Darüber hinaus gibt es noch verschiedenartige Mischtypen, natürlich auch chaotische u. a. Die Abbildungen 17 – 20 zeigen Repräsentanten der Typen „Periode", „Similarität", „Fraktal" und einen Mischtyp.

---

[29] Das Programm für dieses Verfahren wurde uns von den Herren Dr. Christian Schmidt (Berlin) und Uwe Wolf (Mannheim) erarbeitet.

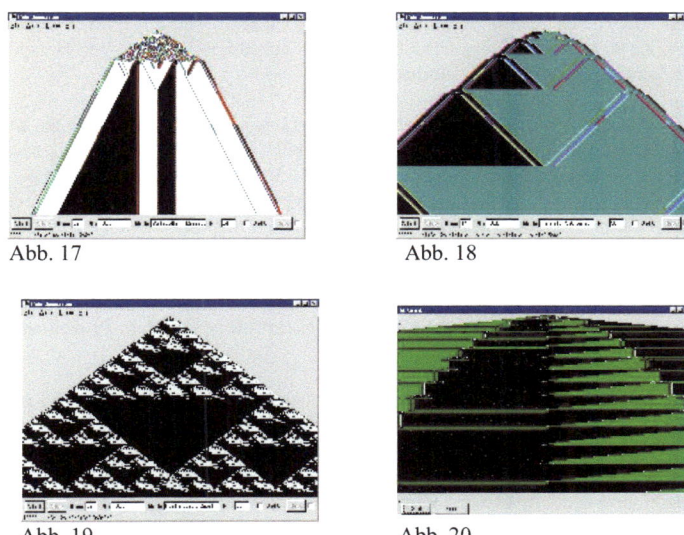

Abb. 17   Abb. 18

Abb. 19   Abb. 20

Es ist uns hier nicht möglich, wie im Falle des Apfelmännchens tiefer in diese Strukturen vorzudringen, weil sie nach einem anderen Verfahren als dieses zustande kommen. Freilich ist es möglich, bestimmte Ausschnitte in der herkömmlichen Weise zu vergrößern. Irgendwann kommen wir bei dieser Art von Vergrößerung auf der Ebene einzelner Pixel an, ab der eine weitere Vergrößerung uninteressant wird. Die Abbildungen 21 und 22 zeigen je einen vergrößerten Ausschnitt aus den Abbildungen 17 und 19.

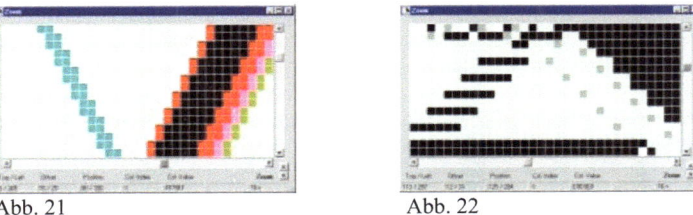

Abb. 21   Abb. 22

Strukturbildung durch Palindromisierung bietet jedoch mehr: Ein **Teleskop für Raum und Zeit.** Dieses kommt auf folgende Weise zustande.

In Palindromisierungsprozessen unterscheiden wir zwischen Moduslänge und Zykluslänge. Die Moduslänge gibt an, wieviel Operationen (Additionen oder Subtraktionen) in der Regel ausgeführt werden sollen, bis ein Ergebnis angezeigt wird. Z. B. ist der Modus m in Abb. 17 $m = a_5 s_1 a_3 s_4 (a_1 s_1)_2 s_2 a_2 s_3$, d. h. es werden sukzessive fünf Additionen, eine Subtraktion, drei Additionen usw. ausgeführt. Die Länge m_l dieses Modus ist $m_l = 24$; es wird mithin jedes 24-te Ergebnis angezeigt.

Niemand hindert uns indes, nicht jedes 24-te Ergebnis anzuzeigen, sondern erst jedes 48-te, oder jedes 96-te, oder auch nur jedes 12-te. Die Anzahl von Operationen, nach denen eine Ergebnissequenz tatsächlich angezeigt wird, heißt die Zykluslänge Z_l. Im obigen Beispiel von Abb. 17 ist die Zykluslänge gleich der Moduslänge: $Z_l = m_l$.

Erhöht man die Zykluslänge auf das Doppelte, Vierfache usw. der Moduslänge m_l, so wird nur jedes $2m_l$-te, $4m_l$-te usw. Ergebnis angezeigt. In Abb. 17 sind 403 Zeilen angezeigt; die Ergebnissequenzen des Palindromisierungsprozesses werden mithin bei $Z_l = m_l$ bis $S_{24 \times 403} = S_{9672}$ angezeigt. Würden wir die Zykluslänge verdoppeln ($Z_l = 2m_l$), so könnten wir den Prozeß bis zur Sequenz S_{19344} überblicken. Wir verdoppeln auf diese Weise den Zeitraum, in dem wir den Prozeß überblicken. Da die Ergebnissequenzen in der Regel immer länger werden, stellt sich der Prozeß bei Vervielfachung der Zykluslänge auch in längeren Ergebnissequenzen dar, was einer räumlichen Ausdehnung entspricht. Eine Vervielfachung der Zykluslänge bewirkt mithin, daß wir in Zeit und Raum mehr von dem Prozeß sehen als bei $Z_l = m_l$.

Räumlich gesehen, geht die Gesamtstruktur, die in einem Palindromisierungsprozeß entsteht, bei Vervielfachung der Zykluslänge lediglich in die Breite. Dies ist nicht sonderlich aufregend.

Das Faszinierende an diesem Instrument ist aber, daß es uns in der zeitlichen Komponente nur deshalb **mehr** zeigt, weil es **weniger** zeigt. Noch einmal an Abb. 17 demonstriert heißt das: Auf der 403-ten Monitorzeile wird bei $Z_l = m_l$ die Ergebnissequenz S_{9672} angezeigt; wir haben damit 9672 Iterationsschritte absolviert. Bei $Z_l = 2m_l$ absolvieren wir dagegen die doppelte Anzahl von Iterationsschritten, und es wird die Ergebnissequenz S_{19344} angezeigt. Wir sehen bei $Z_l = 2m_l$ den Prozeß gleichsam in einem fortgeschrittenerem Stadium. Doch wird dies nur dadurch möglich, daß jetzt nicht mehr jede 24-te Ergebnissequenz dargestellt wird, sondern nur noch jede 48-te.

Für das Erscheinungsbild der entstehenden Struktur kann diese Prozedur unterschiedliche Folgen haben. Für Repräsentanten des Strukturtyps „Periode", bei denen der sich identisch und periodisch reproduzierende Kern aus einem einzigen Sequenzabschnitt besteht und kein flächiges Muster ist, ändert sich durch Vervielfachung der Zykluslänge lediglich die Breite der Struktur. Das gleiche gilt für Vertreter des Strukturtyps „Sierpinski-Dreieck", deren Erscheinungsbild lediglich gestaucht wird.

Anders bei solchen Repräsentanten des Typs „Periode", bei denen der Kern ein flächiges Muster aus Sequenzabschnitten, die sich über mehrere Zeilen erstrecken, darstellt. Besteht der Kern bei $Z_l = m_l$ z. B. aus zwei Sequenzabschnitten auf zwei aufeinander folgenden Zeilen, so bewirkt die Verdoppelung der Zykluslänge, daß einer der beiden Kerne nicht mehr angezeigt wird.

Gleiches gilt für die repetitiven Sequenzen, die den Kern links und rechts umgeben. Auch sie können zwei oder mehrere Zeilen umfassen. Durch entsprechende Vervielfachung der Zykluslänge lassen sie sich jedoch in jedem Falle auf einzeilige reduzieren, wodurch aus einem horizontal gestreiften Gebiet ein Null- oder ein $(g - 1)$ – Kontinuum wird. Abb. 23 zeigt z. B. eine Struktur vom Typ „Periode" mit zweizeilig angeordneten repetitiven Sequenzen bei $Z_l = m_l$; Abb. 24 hingegen zeigt die gleiche Struktur bei $Z_l = 4m_l$ mit einem $(b - 1)$ – Kontinuum links vom Kern und einem Null – Kontinuum rechts.[30]

---

[30] „b" bezeichnet die Basis des Zahlensystems, in dem wir uns jeweils bewegen, denn alles im Text Gesagte gilt nicht nur für die natürlichen Zahlen zur Basis b = 10, sondern für ganze Zahlen zu einer beliebigen Bais b Σ 2.

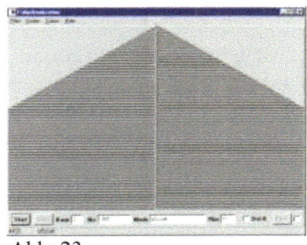

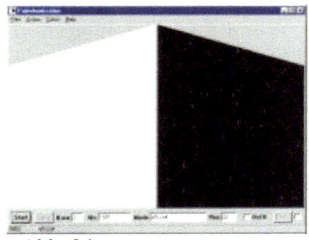

Abb. 23   Abb. 24

Ein ähnlicher Effekt tritt bei Strukturen des Typs „Similarität" auf, bei dem die beiden äußeren Dreiecke aus zweizeiligen Sequenzabschnitten gebildet werden. Eine Verdoppelung der Zykluslänge bewirkt hier, daß eine Ebene, die zuvor aus drei Dreiecken bestand – dem mittleren, auf der Spitze stehenden und seinen beiden horizontal gestreiften Nachbarn – nur noch aus einem Dreieck und einem Rhombus besteht. Die Abbildungen 25 und 26 verdeutlichen dies.

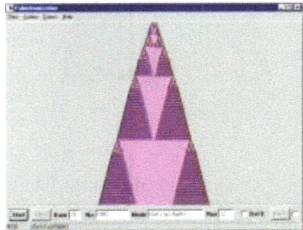

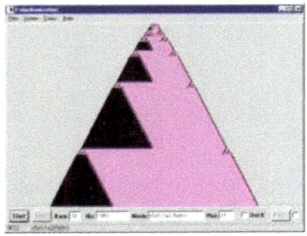

Abb. 25   Abb. 26

Doch all das ist nicht sonderlich aufregend. Interessant und spannend aber wird es bei einem ganz bestimmten Typ von Similarität.

Die Similaritäten, von denen bis jetzt die Rede war, zeigen auf jeder Figurenebene drei Dreiecke: Ein mittleres mit der Spitze nach unten, und je eins links und rechts davon, welche mit der Spitze nach oben weisen und komplementär gefärbt sind, meist in Null und (b – 1).[31] Der Skalierungsfaktor k ist bei ihnen k > 1 und strebt bei manchen gegen 2: 1 < k → 2. Bei Vervielfachung der Zykluslänge werden die Dreiecke entweder gestaucht, oder, soweit zweizeilige, horizontal gestreifte Färbung gegeben ist, zu Rhomben umgewandelt.

Es gibt jedoch noch einen anderen Typ von Similarität, der sich ganz anders verhält. Bei ihm sind die Dreiecke auf jeder Ebene entgegengesetzt gelagert. Ein mittleres, gleichschenkliges weist mit der Spitze nach oben, und seine beiden Nachbarn sind rechteckige Dreiecke, deren Hypotenusen die Schenkel des mittleren Dreiecks sind, und deren eine spitze Ecke jeweils mit der Spitze des mittleren zusammenfällt. Die beiden Hälften des Mitteldreiecks sind zumeist komplementär gefärbt. Der Skalierungsfaktor k ist hier ebenfalls k > 1, strebt jedoch nicht gegen 2, sondern gegen 1: 1 < k → 1.

---

[31] Die Komplementärbeziehung, die in der Palindromik gilt, ist a √g – a – 1. Der Null entspricht also die zu ihr komplementäre Zahl (g – 1).

Bei $Z_l = m_l$ zeigt sich dieser Typ zumeist als ungewöhnlich schlanke Erscheinung. Wir stellen in Abb. 27 einen Repräsentanten in Basis $g = 24$ vor, dessen Modus eine Länge von $m_l = 27$ hat. Läßt man die Struktur fülliger werden, erhöht man also die Zykluslänge, und zwar mindestens auf das Achtfache der Moduslänge, so tritt ein völlig unerwarteter Effekt ein. Die Struktur nimmt nicht nur an Breite zu, wie wir durchaus erwartet haben, sondern präsentiert sich zugleich in einer neuen Gestalt.

Um diesen Effekt gut sichtbar zu machen, erhöhen wir für Abb. 27 die Zykluslänge sogar auf das 32-fache der Moduslänge. Das hat zur Folge, daß nicht mehr – wie in Abb. 27 – jede 27-te Ergebnissequenz angezeigt wird, sondern nur jede 864-te. Das Ergebnis ist verblüffend: Aus den ähnlichen Dreiecken in Abb. 27 sind, wie man der Abb. 28 entnehmen kann, ähnliche Ellipsen geworden.

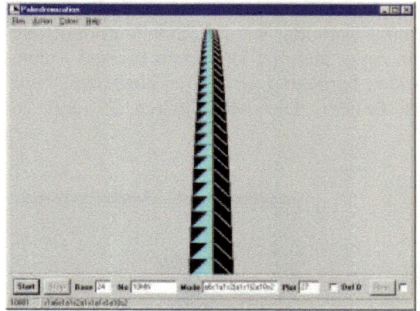 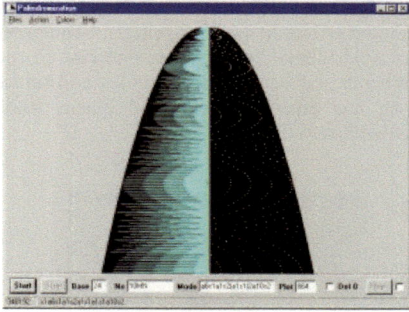

Abb. 27   Abb. 28

Diese neue Art von Similarität lag gewissermaßen in der ersten, den ähnlichen Dreiecken, schon verborgen, tritt aber hier erst bei $Z_l = 32 m_l$ zutage. Beim Anblick dieser Struktur ist man geradezu versucht, in diesem Erscheinungsbild auf jeder Figurenebene ein Ensemble elektrischer bzw. magnetischer Feldlinien zwischen zwei ungleichnamig geladenen Elektroden bzw. zwischen entgegengesetzten Magnetpolen zu sehen. Interessant ist ferner, daß bei $Z_l = m_l$ die Dreiecke eins auf das andere folgen, während bei $Z_l = 32 m_l$ es ineinander geschachtelte Ellipsen sind, die zudem auf verschiedenen Niveaus angesiedelt sind: Auf dem ersten Niveau, gleichsam dem Kindheitsstadium dieses palindromischen Universums, eine, auf dem zweiten zwei, dem dritten drei usw.

Es bleibt vorerst das Geheimnis der verborgenen Similaritäten, wie und warum sie bei entsprechender Erhöhung der Zykluslänge auf den Plan treten. Dieses Phänomen ist wie ein plötzlicher Sprung in eine neue Qualität, ein Phasenübergang, vergleichbar vielleicht mit dem Übergang eines stromdurchflossenen Leiters zu Supraleitfähigkeit, der Entstehung kohärenten Lichtes in einem Laser oder der Bildung eines atomaren Bose-Einstein-Kondensats. Erhöht man die Zykluslänge weiter, nachdem die Ellipsen sich schon gebildet haben, so bleibt es bei dem neu eingetretenen Zustand, den Ellipsen, die jetzt lediglich weiter gestaucht werden.

Im Falle von Abb. 28 sind es geschlossene Ellipsen, die auf der rechten Seite der Figur ein Null-Kontinuum (Schwarz) durchziehen und auf der linken Seite in der Farbe von $(b - 1) = 23$ erstrahlen. Wie die „gewöhnlichen" Similaritäten verschiedene Ausgestaltungen haben können, so gibt es jedoch auch verborgene Similaritäten verschiedener Art. Darunter sind z. B. solche, die nicht zwei komplementäre Hälften aufweisen, sondern ein beiderseitiges Null- oder ein beiderseitiges $(b - 1)$ – Kontinuum. Auch müssen nicht in jedem Falle so klare ellipsenartige Konturen entstehen, wie in Abb. 28; mitunter sind es auch undefinierbare Punktemuster, die an Stelle der Ellipsen stehen.

Von besonderem Interesse sind jedoch jene, die statt geschlossener Ellipsen halboffene zeigen, deren Scheitel sich in der Mitte der Figur treffen und die in ihrem Verlauf voneinander weg streben. Dieser Fall ist in den Abbildung 29 und 30 belegt, deren Strukturen in Basis b = 26 bei Z_1 = m_1 =51 und Z_1 = $8m_1$ = 408 entstehen. Man sieht, daß die Dreiecke hier auf der rechten Seite der Figur von einem Kontinuum aus Nullen umgeben sind (Schwarz) und auf der linken von einem solchen aus (b -.1) = 25 (Grün). Auch sind die mittleren Dreiecke nicht mit der Spitze nach oben gerichtet, wie in Abb. 27, sondern nach unten. Wie und warum sich daraus bei der Erhöhung der Zykluslänge auf das 8-fache der Moduslänge ineinander geschachtelte und voneinander weg strebende Ellipsenhälften ergeben, bleibt ebenso ein Geheimnis der verborgenen Similaritäten, wie in den Abb. 27 und 28 die geschlossenen Ellipsen.

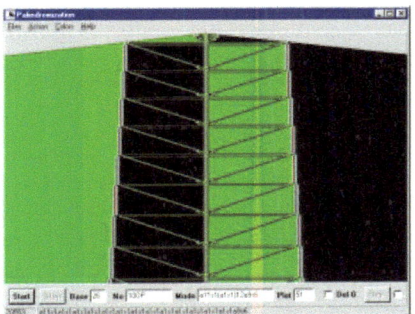 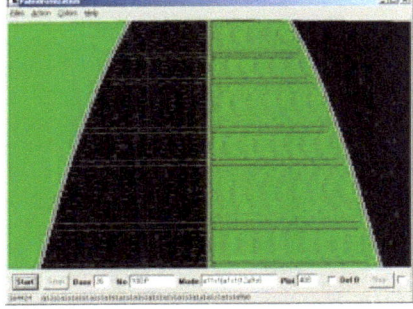

Abb. 29   Abb. 30

Doch vielleicht klärt bald jemand dieses Geheimnis auf, das uns das palindromische Teleskop für Raum und Zeit offenbart?

4. Evolution – Zeit – Iteration

Ebertys **fiktiver** Beobachter betrachtet von fernen Fixsternen her die Erde und alles, was sich in ihrer Geschichte begeben hat. Mit Lichtgeschwindigkeit durch unser Universum reisend, ist er in der Lage, die Entstehung und Entwicklung von allem, was in diesem Universum vor sich geht, zu verfolgen. Er könnte die Evolution alles Lebens auf der Erde in allen Details dieses Prozesses ebenso genau beschreiben wie das Aufblühen einer einzelnen Blume in meinem Garten oder das Aufleuchten einer Nova in einer fernen Galaxie. In jedem Punkt des Weltalls sind die Bilder von allem, was das Universum ausmacht, enthalten. Aus jedem Punkt des Universums können die Bilder des gesamten Universums hervorgezaubert werden.

Mit unserem Mikroskop für Raum und Zeit im malumitischen Universum sind wir in der Lage, als **reale** Beobachter die Entstehung und Entwicklung von allem, was in diesem Universum vor sich geht, in jedem räumlichen und zeitlichen Detail zu verfolgen. Um sie zu beschreiben, benötigen wir nicht einmal den Begriff der Zeit. Als Zeitmesser kann im malumitischen Universum die Iterationszahl dienen. Indem wir sie erhöhen oder verringern, begeben wir uns in die zeitliche Richtung der Zukunft oder Vergangenheit. Alle Strukturen, die im malumitischen Universum entstehen oder vergehen, verdanken dies steigender oder sinkender Iterationszahl. Die Crux der Evolution im malumitischen Universum ist Iteration.

Doch damit Evolution stattfinden kann, bedarf es zweier weiterer Bedingungen. Es muß das Prinzip, die Regel, das Gesetz gegeben sein, nach dem iteriert wird. Und es muß ein Objekt gegeben sein, auf welches das Prinzip wiederholt – im Sinne von Iteration – angewandt wird. Im malumitischen Universum ist das Objekt ein Ausschnitt aus dem Ganzen, begrenzt durch die Koordinaten ReStart, ReEnd und ImStart, mit allem, was in ihm bereits in Erscheinung getreten ist, und das Iterationsprinzip ist die Beziehung $z^2 \rightarrow z + c$.

Denken wir uns ein zweidimensionales Wesen in diesem komplexen malumitischen Universum, das mit unserem Mikroskop für Raum und Zeit ausgerüstet ist, so wird es bemerken, daß alles Neue, das in seiner Welt entsteht, durch immerwährende Wiederholung ein und desselben Prinzips zustande kommt. Die Wiederholung wäre ihm nicht nur – wie uns - die Mutter der Weisheit, sondern vor allem die Mutter des Neuen in seiner Welt. Wiederholung und Entstehung von Neuem, diese sich ausschließenden Gegensätze bilden im malumitischen Universum eine untrennbare Einheit, sie bedingen und durchdringen sich gegenseitig.

Wäre unser zweidimensionales Wesen fähig zu denken und zu fühlen, so hätte es bald erkannt, daß steigende Iterationszahl ihn in die Zukunft weist, abnehmende dagegen ihm Vergangenes offenbart. Es mag die Zunahme der Iterationszahl und folglich die Richtung von der Vergangenheit über die Gegenwart in die Zukunft als Richtung oder Pfeil der Zeit interpretieren, und doch ist sie nichts anderes als immerwährende Wiederholung ein und desselben Prinzips. Im Bereich noch niedriger Iterationszahlen könnte es hoffen, noch viele, viele malumitische Welten entstehen zu sehen, und jugendliche Illusionen würden es in all seinem Tun beflügeln. Je höher die Iterationszahl, auf um so mehr bereits erlebte Situationen könnte unser Wesen zurück blicken; es würde über einen reichen Schatz an Erinnerungen verfügen, der um so größer ist, je älter es selbst ist. Je älter es wird, je höher die Iterationszahl bereits ist, um so kräftigere Erhöhungen sind erforderlich, um immer noch Neues entstehen zu lassen. Vielleicht würde es in sein Aphorismenbuch eintragen: „Je älter du bist, um so schneller verrinnt die Zeit." Und da, wo nichts Neues entsteht, weil die Iterationszahl gleich bleibt, würde die Zeit für es still stehen und Langeweile würde es befallen.

Kurzum: Wäre unser zweidimensionales malumitisches Wesen ein Philosoph, so würde es gewiß behaupten, die Zeit sei eine Existenzform der Objekte in diesem Universum; sie bringe Ordnung in sein Handeln, sei aber nicht nur ein Ordnungsprinzip, sondern zugleich auch ein Lebensgefühl. Oder vielleicht so: „Zeit ist Ausdruck der Existenzdauer, Ordnung und Richtung des Formwandels."[32] Doch würde ihn diese obskure Redeweise nur darüber hinweg täuschen, daß es im malumitischen Universum gar keine Zeit gibt, und alles, was hier geschieht, nicht durch Zeit, sondern durch Iteration zustande kommt. Um den komplexen Zusammenhang von Objekten, Gesetz und Iteration nicht jedesmal von neuem ausbreiten zu müssen, belegt unser malumitischer Philosoph ihn kurzerhand mit dem Begriff „Zeit", von der er mehr oder weniger zur Verfügung hat, und die er mehr oder weniger schnell vergehen läßt.

Die wiederholte Anwendung eines und desselben Prinzips auf die Strukturen des malumitischen Universums bewirkt die Entstehung immer neuer Strukturen in seinem Innern. Eines der faszinierenden Ergebnisse dieser Strukturbildungsprozesse ist, daß die neuen Strukturen im Grunde gar so grundsätzlich neu sind. Sie unterscheiden sich natürlich in ihrer Binnenstruktur voneinander, aber in Form und Gestalt nehmen sie mit steigender Iterationszahl die Form und Gestalt des Ganzen, des Ur-Apfelmännchens, an. Kein anderer als Johann Wolfgang von Goethe hatte genau das auch bei seinen Studien zur Metamorphose der Pflanzen beobachtet und in dichterischer Vollendung es so ausgedrückt:

„Alle Gestalten sind ähnlich, und keine gleichet der andern;
Und so deutet das Chor auf ein geheimes Gesetz,
Auf ein heiliges Rätsel."[33]

Bei entsprechender technischer Ausrüstung könnte aus beliebig vielen Punkten des malumitischen Universums jeweils ein neues, ihm ähnliches (geschlossenes oder offenes) Mini-Apfelmänchen, sozusagen ein Baby-Universum, hervorgezaubert werden. Ihrerseits sind beliebig viele Punkte dieses Baby-Universums wiederum Quelle eines jeweils neuen, das dem alten in Form und Gestalt ähnlich ist. Und so könnten wir in beliebig tiefe und beliebig viele Schichten des malumitischen Universums hinabsteigen und würden auf immer neue Baby-Universen treffen, die in Form und Gestalt den schon existierenden ähnlich sind. Die in Frage stehenden Punkte des malumitischen Universums enthalten nicht die abgespiegelten Bilder von allem, was in ihm existiert und sich entwickelt hat, wie das in Ebertys Universum der Fall ist, sondern sie enthalten **tatsächlich** beliebig viele Universen desselben Typs in sich, die alle einander ähnlich sind.

Doch Ähnlichkeit ist nicht Identität. Wie wir gesehen haben, ist die Ordnungszahl eines offenen Mini-Apfelmännchens durch das Produkt ihrer Primfaktoren gegeben. Das aber ist für jedes dieser Mini-Apfelmännchen ein anderes, und selbst, wenn mehrere von ihnen dieselbe Ordnungszahl haben, unterscheiden sie sich immer noch in der Reihenfolge ihrer Primfaktoren, die sich als Spiralen mit entsprechend vielen Armen präsentieren. Unser Mikroskop für Raum und Zeit leistet hier zweierlei.

1. Es erlaubt uns, von einem festen Standort aus, von dem wir ein offenes Mini-Apfelmännchen vor uns haben, den Blick in die Vergangenheit dieses Universums zu werfen. Dabei passieren die den jeweiligen Primfaktoren entsprechenden Spiralarten Revue, bis wir zur letzten gelangen, die dem ersten Primfaktor entspricht. Der Unterschied

---

[32] Ich breite den Mantel des Schweigens über die Quelle dieser Definition von Zeit eines zeitgenössischen Philosophen.
[33] Aus Goethes Brieftasche. Die schönsten Aufsätze über Natur, Kunst , Volk. Berlin 1978. S. 31

unseres Mikroskops für Raum und Zeit zu Ebertys Mikroskop für die Zeit besteht hier darin, daß jener seinen Standort wechseln muß, indem er seine Entfernung von der Erde vergrößert, will er verschiedene historische Begebenheiten auf der Erde verfolgen. Unser malumitischer Beobachter hingegen kann von ein und demselben Standort aus die Geschichte alles dessen, was er von dort aus im Auge hat, erkennen. Ebertys Beobachter müßte sich mit annähernder Lichtgeschwindigkeit von der Erde weg bewegen, wollte er die einzelnen Phasen des Aufblühens einer Blume in seinem Mikroskop für die Zeit an sich vorüber ziehen lassen. Unser malumitischer Beobachter kann mittels seines Mikroskops für Raum und Zeit Vergangenheit, Gegenwart und Zukunft seines derzeitigen Standorts nach Belieben ins Blickfeld nehmen, in dem er nur die Iterationszahl verringert oder vergrößert.

2. Das Mikroskop für Raum und Zeit erlaubt es dem malumitischen Beobachter zugleich, aus dem Blick in die Vergangenheit seinen Standort im Ur-Apfelmännchen zu bestimmen, genauer: zu bestimmen, an welchem der unermeßlich vielen offenen Mini-Apfelmännchen entlang des inneren Randes des Ur-Apfelmännchens er sich gerade befindet. Die Spiralarten, die er mit sinkender Iterationszahl ermittelt, liefern ihm die Primfaktoren, deren Produkt die Ordnung des Mini-Apfelmännchens ergibt und deren Reihenfolge ihm seinen Standort verrät. Ebertys Beobachter hingegen müßte, wollte er aus der Beobachtung der Erde und ihrer Geschichte seinen Standort bestimmen, wissen, in welcher historischen Epoche sich das ereignet hat, was er gerade sieht. Sieht er die Kreuzigung Christi und weiß er, daß dieses Ereignis vor etwas mehr als zweitausend Jahren stattgefunden haben muß, so weiß er auch, daß er sich etwa zweitausend Lichtjahre von der Erde entfernt befindet. Doch kennt er damit keineswegs seinen genauen Standort, denn dieser kann in jedem Punkt der Oberfläche einer Kugel mit dem Radius von zweitausend Lichtjahren und der Erde im Mittelpunkt liegen.

Das malumitische Universum in Gestalt des Ur-Apfelmännchens ist selbst nur eines von beliebig vielen, die in der komplexen Zahlenebene zu Hause sind. Würden wir als Iterationsprinzip z. B. die inverse Abbildung der Mandelbrot-Menge vorgeben, also $w \rightarrow \sqrt{w - c}$, wobei w und c wiederum komplexe Zahlen sind, so erhielten wir die Familie der Julia-Mengen[34], die von anderer Form und Gestalt als die Mandelbrot-Menge ist. „Es gibt eine unglaubliche Vielfalt von Julia-Mengen", sagt der französische Mathematiker Adrien Douady und beschreibt sie so: „Einige sehen aus wie dicke Wolken, andere wie ein dorniges Gestrüpp, wieder andere wie Funken, die nach der Explosion eines Feuerwerkskörpers in der Luft schweben. Eine sieht aus wie ein Kaninchen, viele haben Schwänze wie Seepferdchen."[35] Und jede „Wolke", jedes „dornige Gestrüpp", jeder explodierende „Feuerwerkskörper", jedes „Kaninchen" und jeder „Seepferdchenschwanz" ist ein Universum für sich. Welche Fülle von Gestalten würden wir erst erhalten, wenn wir noch andere von den beliebig vielen Beziehungen wählen würden, die als Iterationsprinzipien in Frage kommen!

Auch in den palindromischen Universen sind es drei Bedingungen – Objekt, Prinzip und Iteration - , deren Zusammenwirken die Bildung neuer Strukturen ermöglicht. Das Objekt, auf welches das Iterationsprinzip angewandt wird, sind hier die Startzahl S_0, die in einer bestimmten Basis g gegeben ist, und alle folgenden Ergebnissequenzen S_n, die aus den jeweiligen S_{n-1} dadurch entstehen, daß die Iterationsregel auf diese angewandt wird. Die Iterationsregel selbst liegt hier in Gestalt des Palindromisierungsmodus m vor, der die Abfolge von Additionen und Subtraktionen im Palindromisierungsprozeß vorgibt. Die

---

[34] Benannt nach dem französischen Mathematiker Gaston Julia (1893 – 1978).
[35] Douady, Adrien: Julia Sets and the Mandelbrot Set. In: Peitgen, H.-O., Richter, P. H.: The Beauty of Fractals. Berlin – Heidelberg – New York – Toronto 1986. S. 161

Iterationszahl aber bestimmt sich aus der Länge des Palindromisierungsmodus m_l, d. h. aus der Anzahl von Additionen und Subtraktionen, die gemäß dem Palindromisierungsmodus absolviert sein müssen, damit ein Ergebnis angeschrieben werden kann; dabei kann auch eine mehrfache Moduslänge in Betracht gezogen werden; in diesem Falle sprechen wir von der Zykluslänge Z_l, welche ein ganzes oder gebrochenes Vielfaches der Moduslänge beträgt.

Ein Prozeß palindromischer Strukturbildung wird in Gang gesetzt, indem der Palindromisierungsmodus m auf die Startzahl S_0 angewandt wird. Die Zykluslänge Z_l bestimmt dabei, nach wieviel Moduslängen km_l ein Ergebnis jeweils angezeigt und zentriert unter das vorhergehende geschrieben werden soll. Die Farbgebung der einzelnen Ziffern dient lediglich der besseren visuellen Wahrnehmung der in einem solchen Prozeß entstehenden Muster.

Der Prozeß selbst hat einen nichtlinearen Charakter. Benachbarte Startzahlen können bei ein und demselben Palindromisierungsmodus zu ganz unterschiedlichen Ergebnissen führen, so daß statt einer Periode vielleicht eine Similarität oder ein fraktales Sierpinski-Dreieck oder einfach nur Chaos entsteht. Auch ist es möglich, daß im Verlaufe eines Palindromisierungsprozesses ein bestimmter Strukturtyp plötzlich in einen anderen übergeht. Von anderer Art als das Verhalten solcher Mischtypen ist freilich der Übergang verborgener Similaritäten von Dreiecks- zu Ellipsenmustern; letzterer ist eine Folge der Erhöhung der Zykluslänge auf mindestens das Achtfache der Moduslänge.

Unser zweidimensionales Wesen würde in seinem palindromischen Universum erleben können, wie Strukturen entstehen, indem die Anzahl der Operationen steigt, bzw. wieviele Male der Modus in seiner Länge abgearbeitet wird oder ein Zyklus sich an den anderen reiht. Es würde seine Hoffnung auf neu entstehende Muster an diese Zahl der Operationen bzw. der Zyklen knüpfen. Und es würde über einen um so größeren Schatz an Erinnerungen verfügen, je mehr Operationen bereits ausgeführt wurden, je älter er mithin selbst ist.

Anders als im malumitischen Universum könnte es hier in den palindromischen aber auch erleben, daß Strukturen sich gegenseitig auslöschen, oder auch, wie manche Strukturen sich „in der Zeit" nicht mehr verändern, sondern ewig gleich bleiben, indem sie sich lediglich periodisch und identisch reproduzieren (sog. Kreisläufer als Sonderfälle des Strukturtyps „Periode"). Und es könnte sogar Zeuge dessen sein, wie eine Struktur mehr oder weniger plötzlich in die Null abstürzt und im schwarzen Nichts vergeht.

Anders als das malumitische Universum enthalten die palindromischen des Typs „Periode" und „Similarität" sich nicht in ähnlicher Gestalt in sich selbst. Diese Eigenschaft kommt nur dem Typ „Sierpinski-Dreieck" zu, das wie das Apfelmännchen eine fraktale Struktur ist.

Hier wie da aber ist „Zeit" ein Begriff, der im Grunde für die Iterationszahl steht und mit dem der mehr oder weniger komplexe Zusammenhang von Objekt, Regel und Iteration umschrieben wird. Und hier wie da würde unser zweidimensionales Wesen, wäre es ein Physiker, wohl die Vermutung äußern, daß die Zeit in seinem Universum gequantelt sein muß, weil sie an die Iterationszahl gekoppelt ist, deren kleinste Einheit, die nicht unterschritten werden kann, **eine** Operation ist. Würde der malumitische Physiker festlegen, daß 16 Iterationen einem Jahr malumitischer Zeit entsprechen sollen, dann wäre die kleinste Einheit der Zeit, ein Zeitquant, in seinem Universum 0,0625 Jahre m. Z. Der palindromische Physiker käme für sein Universum zu einem anderen Resultat, doch würde auch er darauf bestehen, daß es eine kleinste Einheit der Zeit gibt.

Zwischen Strukturen, die in Palindromisierungsprozessen entstehen, und solchen, denen wir in der Natur begegnen, gibt es eine Reihe bemerkenswerter Übereinstimmungen. Es finden sich palindromische Muster, in denen die Zahlen wie im Gleichschritt und wohl geordnet in Reih und Glied daherkommen, wie Atome oder Moleküle in einem Kristallgitter. Einige sehen aus wie ein Ensemble elektrischer oder magnetischer Feldlinien, andere könnten chaotisch verstreute Hieroglyphen einer uns unbekannten Sprache sein. Repetitive Sequenzen, die sich wie der Raum um schwere Massen krümmen, bieten einen besonders imposanten Anblick. Ein schwarzes Nullvakuum, umgeben von einer undurchlässigen Membran, läßt verstehen, daß auch das Vakuum „geladen" sein kann, und komplementäre Strukturen, die teils in einem Null- teils in einem (b − 1) − Vakuum entstehen, verhalten sich wie verschränkte Elementarteilchen. Von besonderem Interesse aber sind wohl die Strukturen vom Typ „Periode", die mit der Struktur der DNS darin übereinstimmen, daß bestimmte Abschnitte, und zwar hier die genetisch aktiven und dort die Kernsequenzen, periodisch und identisch reproduziert werden, daß sie überdies von sogenannten repetitiven Sequenzen umgeben sind, die sich im Verlaufe der Evolution ebenfalls periodisch reproduzieren, deren Anzahl jedoch mit jedem Evolutionszyklus um einen bestimmten Betrag wächst, und daß das ganze Gebilde durch eine Außenhaut, eine Membran, von der Umgebung abgeschirmt ist.

Im malumitischen wie auch in den palindromischen Universen hängt die Evolution von Strukturen von dem Startobjekt, der Regel, nach der iteriert wird, und der Iterationszahl ab. Zeit ist hier wie da ein abgeleiteter Begriff. Manches in unserem Universum erinnert an Ähnliches in diesen beiden Typen von Universen. Doch kommen wir nicht in den Genuß von Zeitspielen, an denen sich zweidimensionale Wesen in dem malumitischen und den palindromischen Universen erfreuen können. Sie können beliebig in Vergangenheit und Zukunft blicken und reisen, während wir nur die einzige Richtung der Zeit kennen, die von der Vergangenheit über die Gegenwart in die Zukunft.

Was die fiktiven Bewohner der zweidimensionalen malumitischen und palindromischen Universen uns weiter voraus haben ist, daß sie selbst das Startobjekt benennen können, das Iterationsprinzip kennen und die Iterationszahl ermitteln können. Was sie nicht ahnen können ist, daß alle drei Bedingungen von Evolution ihnen letztlich von außen, durch uns, vorgegeben sind. Vielleicht würden sie wegen der Fähigkeit, strukturelle Evolution auslösen und steuern zu können, sich sogar für reale Bewohner ihrer Universen halten. Wir indes, die wir uns nicht für fiktive, sondern für reale Beobachter unseres Universums halten, die zunehmend die Fähigkeit erlangen, neue Evolutionen zu generieren und zu steuern, bekennen in Demut und Bescheidenheit, daß uns Zeitspiele nicht gegeben sind und daß wir weder das Anfangsglied, durch das in einem Urknall unser Universum entstanden sein soll, kennen, noch das einheitliche Gesetz, nach dem die Evolution in unserem Universum abläuft, und schon gar nicht, wer die Iterationsregel formuliert und vorgegeben hat.

Ignorabimus?

Daten der Abbildungen

<u>Kapitel 2:</u>

Nr.	ReStart	ReEnd	ImStart	Iterationszahl
1	- 2,25	1	- 1,2	160
2	0,25	0,27	- 0,007	160
3	0,2504 995	0,25051	- 0,0000 23	160
4	,,	,,	,,	288
5	,,	,,	,,	480
6	,,	,,	,,	800
7	,,	,,	,,	16000
8	- 2	- 1,39	- 0,25	160
9	- 1,485	- 1,47	- 0,0057	1600
10	- 1,4747	- 1,4743	- 0,0001 5	1600
11	- 1,4745	- 1,4744	- 0,0001 5	240
12	,,	,,	,,	16000
13	0,311	0,3315	- 0,046	1600
14	,,	,,	,,	800
15	,,	,,	,,	80
16	,,	,,	,,	64

<u>Kapitel 3:</u>

Nr.	b	S_0	m	m_l	Z_l
17	32	$10(g-1)(g-2)$	$a_5s_1a_3s_4(a_1s_1)_2s_2a_2s_3$	24	m_l
18	14	,,	$(a_1s_2)_2(a_1s_1)_9a_6s_5a_4s_9$	48	$2m_l$
19	32	,,	$(s_2a_1)_2(s_3a_3)_3s_2a_6s_1$	33	m_l
20	3	102_3120_3	$a_{16}s_1(a_1s_1)_{10}a_3s_3$	43	m_l
21	Ausschnitt aus Abb. 17				
22	Ausschnitt aus Abb. 19				
23	2	$10(g-1)(g-2)$	$a_5s_2a_4$	11	m_l
24	,,	,,	,,	,,	$2m_l$
25	29	,,	$s_5a_1s_1a_2s_5a_9s_1$	24	$0,5m_l$
26	,,	,,	,,	,,	m_l
27	24	,,	$s_1a_6s_1a_1s_2(a_1s_1)_2a_{10}s_2$	27	m_l
28	,,	,,	,,	,,	$32m_l$
29	26	,,	$a_{11}s_1(a_1s_1)_{12}a_9s_6$	51	m_l
30	,,	,,	,,	,,	$8m_l$